v. Tirpitz

und das

deutsche Seekriegsrecht

Von

Dr. Hans Wehberg
Gerichtsassessor in Düsseldorf

A. Marcus & E. Webers Verlag (Dr. jur. Albert Ahn) in Bonn

Druck: Otto Wigand'sche Buchdruckerei G. m. b. H., Leipzig.

Inhaltsverzeichnis.

1. Die Aufgabe.

Sicherlich ist es die schönste Aufgabe der Männer der Wissenschaft, selbst in kriegerisch erregten Zeiten Ruhe und Besonnenheit zu bewahren und deutsche Objektivität nicht zu verleugnen. Die Befolgung dieses Grundsatzes schließt einerseits eine Parteinahme in solchen Fragen aus, deren Grundlagen noch ungeklärt sind; andererseits aber muß es erlaubt sein, dort, wo der Tatbestand für jeden Einsichtigen offenkundig zutage getreten ist, die gerechte Sache zu verteidigen und den Rechtsbruch anzuklagen. Gerade derjenige, der in der Erforschung des Völkerrechts seine Hauptaufgabe erblickt, wird zu den großen Fragen der Weltpolitik Stellung zu nehmen wünschen. Ihm ist es nicht gleichgültig, ob völkerrechtliche Grundsätze verleugnet werden. Beurteilt er doch die großen Ereignisse der Gegenwart zwar nicht ausschließlich, aber doch vor allem auch vom Standpunkte des Rechts aus. In der vorliegenden Schrift ist nun der Versuch unternommen worden, zu zeigen, daß die deutsche Seekriegsführung unter der Leitung v. Tirpitz mit den völkerrechtlichen Prinzipien im vollsten Einklang steht und unsere Marine zu ihrem scharfem Vorgehen durch England gezwungen worden ist.

So selbstverständlich demjenigen, der mit den Dingen vertraut ist, diese Beurteilung der deutschen Stellungnahme erscheint, so ist man doch ganz gewiß nicht überall dieser Meinung. Man scheint namentlich im neutralen Auslande geneigt, in allen

Dingen Deutschland die Schuld zuzuschieben. Daß dies auch in Fragen des Seekriegsrechts geschieht, ist eine so große Ungerechtigkeit, daß man einmal diesem Irrtum entgegentreten muß. Das möchte ich um so lieber tun, als zu der Zeit, wo ich mein großes Werk über „Das Seekriegsrecht" (Stuttgart, Kohlhammer, 1915, 456 S.) abschloß, die Verhältnisse zum Teil noch unaufgeklärt waren und vor allem die Handhabung des Konterbanderechts durch England noch nicht mit vollkommener Gewißheit feststand. Deshalb habe ich mich in jenem Buche einer Kritik des englischen Konterbanderechts noch enthalten müssen. Dieses Bedenken entfällt heute, da die amerikanische Protestnote von Ende Dezember 1914 und andere, später bekannt gewordene Schriftstücke ein für England so belastendes Material ergeben haben, daß auch der vorsichtig abwägende, unparteiische Beurteiler sehr wohl in der Lage ist, sich über die Stellungnahme Deutschlands und Englands zu dem Seekriegsrechte zu äußern.

Aus dem Gesagten ergibt sich, daß ich mein Vaterland nicht etwa deswegen in Schutz nehme, weil ich ein Vertreter des Prinzips „right or wrong my country" wäre. Dieser Grundsatz kann nicht scharf genug zurückgewiesen werden, wenn man ihn in dem landläufigen Sinne auffaßt. Nur dann kann man ihm zustimmen, wenn man ihm mit dem großen Deutsch-Amerikaner Karl Schurz eine edlere Deutung gibt. Als nämlich Schurz nach dem Ende des deutsch-französischen Krieges im amerikanischen Senate die Regierung der Vereinigten Staaten des Neutralitätsbruches anklagte, weil sie an Frankreich Waffen verkauft habe, und man ihm vorwarf, durch solche Äußerungen leide das Ansehen der Vereinigten Staaten und man müsse nach dem Grundsatz „Recht oder Unrecht, es handelt sich um mein

Vaterland" verfahren, erwiderte er: „Er lege jenen Grundsatz dahin aus: Man müsse sein Land im Recht erhalten, wenn es im Recht sei; wenn es sich aber im Unrecht befinde, müsse man es zum Rechte führen." Ähnliche Grundsätze haben der große deutsche Rechtslehrer Bluntschli, der amerikanische Senator Sumner und andere vertreten. Trotzdem ich ganz der Auffassung dieser hervorragenden Männer bin, breche ich doch mit gutem Gewissen für unsere Seekriegsführung eine Lanze, weil die deutschen Anordnungen den Grundsätzen des modernen Völkerrechts in vollstem Maße entsprechen. Meine Verteidigung der deutschen Seekriegsführung ist daher nicht nur ein Akt vaterländischer Pflicht, sondern auch ein Bekenntnis, das ich vom wissenschaftlichen Standpunkte aus jederzeit aufrechterhalten kann.

---

2. Die Traditionen des deutschen Seekriegsrechts.

Schon früh haben die Hohenzollern und ihre Berater für ein liberales Seekriegsrecht gekämpft. Bekannt geworden ist namentlich der Konflikt Friedrichs des Großen mit Großbritannien, als englische Kreuzer während des österreichischen Erbfolgekrieges feindliche Güter auf preußischen Schiffen beschlagnahmt hatten. Preußen verfocht damals gegenüber den englischen Übergriffen zur See den Standpunkt, daß feindliche Güter auf neutralen Schiffen unverletzlich wären und verlangte für die weggenommenen Waren Entschädigung. Mit dieser Forderung drang Friedrich der Große erst durch, als er auf englische Gelder hatte Beschlag legen lassen. England sah sich in der Westminsterkonvention vom 16. Januar 1756 zur Befriedigung der preußischen Ansprüche genötigt. Seinen grundsätzlichen Standpunkt freilich gab England in diesem Vertrag nicht auf.

Noch berühmter geworden ist der Vertrag von 1785 zwischen Preußen und den Vereinigten Staaten von Amerika, wodurch die beiden Staaten in einem eventuellen Kriege auf die Ausübung des Seebeuterechts verzichteten. Das war der erste Versuch auf dem Wege zur Unverletzlichkeit des Privateigentums im Seekriege. Freilich hat man jenes Prinzip bei Erneuerung des Vertrages von 1785, nämlich in den Vereinbarungen von 1799 und 1828, nicht wiederholt. Aber diese späteren Verträge mit den Vereinigten Staaten von Amerika enthielten wiederum andere Fortschritte, z. B. die Bestimmung, daß Konterbande nur gegen Entschädigung weggenommen werden dürfe. Der Vertrag von 1828 ist noch heute in Kraft, und es wurde auf ihn erst kürzlich wieder hingewiesen, als Ende Januar 1915 der deutsche Hilfskreuzer Prinz Eitel Friedrich den amerikanischen Segler William P. Frye versenkte. An die Zusammenarbeit zwischen Preußen und den Vereinigten Staaten von Amerika auf dem Gebiete des Seekriegsrechts zu erinnern, erscheint vor allem auch deshalb zeitgemäß, weil wir die liberale Gesinnung, die Amerika früher so oft in seekriegsrechtlichen Fragen bewiesen hat, in der Behandlung der Waffenlieferungen amerikanischer Bürger an unsere Feinde schmerzlich vermissen.

Als die Großmächte nach dem Schlusse des Krimkrieges in der Pariser Deklaration vier wichtige Grundsätze des Seekriegsrechts anerkannten, trat Preußen dem um so eher bei, als es den Satz „Frei Schiff — Frei Gut; Unfrei Schiff, Frei Gut“ (d. h. die Unverletzlichkeit feindlichen Eigentums auf neutralen Schiffen und neutralen Eigentums auf feindlichen Schiffen) bereits in der Instruktion an die Kaper während des siebenjährigen Krieges, in der Deklaration vom 30. April 1781 und dem Allgemeinen Landrecht zur Anerkennung gebracht hatte.

In den großen Kriegen, die zur deutschen Einheit führten, hat Preußen seine liberale Gesinnung zunächst dadurch bekundet, daß es im Kampfe mit Österreich gemäß einer gegenseitigen Vereinbarung auf die Anwendung des Seebeuterechts verzichtete. Der gleiche Versuch im Kriege 1870/71 mißlang lediglich an der entgegengesetzten Haltung Frankreichs. Als historisch bedeutsam verdient noch aus jener Zeit die freiwillige Seewehr des norddeutschen Bundes erwähnt zu werden, deren Organisation freilich nicht zustande kam. Immerhin ist jener Versuch deshalb interessant, weil man im Auslande, insbesondere von französischer Seite, darin eine Erneuerung der durch die Pariser Seerechtsdeklaration beseitigten Kaperei erblickte. Daß dieser Vorwurf aber nicht zutreffend ist und es sich hier vielmehr lediglich um die beabsichtigte Organisation von Hilfskreuzern handelte, ist von namhaften Schriftstellern wiederholt dargetan worden.

Die darauffolgenden Jahrzehnte glücklicher Friedenszeit gaben Deutschland nur wenig Gelegenheit, in seekriegsrechtlichen Fragen entscheidend hervorzutreten. Immerhin sind wiederholt — z. B. 1894 und 1895 vom deutschen Reichstage — Anregungen ergangen, die die Freiheit des Privateigentums im Seekriege gegenüber England sicherstellen wollten. Auch haben wir wiederholt Gelegenheit gehabt, uns in unserer Eigenschaft als Neutrale gegen Übergriffe Kriegführender zu verteidigen, z. B. gegenüber der Beschlagnahme deutscher Postdampfer von seiten Englands während des Burenkrieges. Mit einem großzügigen Programm trat Deutschland dagegen wohl zum ersten Male auf der zweiten Haager Konferenz auf, wo die deutschen Interessen von dem hervorragenden Admiral Siegel wirksam vertreten wurden. Deutschland ergriff auf jener Konferenz die Initiative zur Schaffung eines internationalen Prisenhofes, der als oberste Instanz über den nationalen Prisengerichten die Rechtmäßigkeit der Wegnahme feindlichen und neutralen Eigentums beurteilen sollte. Auch England unterstützte diesen Plan; ja, es beteiligte sich sogar in erster Linie an diesen Bestrebungen, hinderte freilich später ganz allein das Zustandekommen dieser großartigen Einrichtung, indem es die Ratifikation des Abkommens verweigerte. Wäre England jener Idee treu geblieben, dann wäre es ihm unmöglich gewesen, in diesem Weltkriege das Konterbanderecht in so unerlaubter Weise auszudehnen. Denn unter der Herrschaft eines internationalen Prisenhofes hätte Großbritannien alle rechtswidrig gemachten Prisen auf Anordnung des internationalen Prisenhofes herausgeben müssen. Ebenso fortschrittlich war die Haltung Deutschlands gegenüber dem Probleme des Seebeuterechts. Es erklärte seine Zustimmung zu dem Vorschlage der Vereinigten Staaten von Amerika auf Abschaffung dieses Rechts und machte lediglich den einen Vorbehalt, daß gleichzeitig die Fragen der Konterbande und Blockade geregelt würden. Wie berechtigt diese Haltung Deutschlands war, hat der bisherige Verlauf des Seekrieges erwiesen. Sucht doch England die Aushungerung Deutschlands, soweit sie mit Hilfe des Seebeuterechts nichts durchführbar erscheint, durch eine Verschärfung des Konterbanderechts zu verwirklichen, eine Tatsache, die den innigen Zusammenhang beider Befugnisse in besonderem Maße zeigt. Ebenso würde mancher andere Staat das Seebeuterecht, wenn es einmal ganz beseitigt wäre, durch weitere Ausdehnung des Konterbanderechts wieder einzuführen suchen. Deshalb muß, wie Deutschland 1907 richtig erkannte, das Konterbanderecht feststehen, bevor man an die Beseitigung des Seebeuterechts geht. England war übrigens auf der zweiten Haager Friedenskonferenz nach wie vor ein Anhänger des Seebeuterechts. Ein anderer Gegensatz zwischen England und Deutschland trat auf der zweiten Haager Konferenz infolge der verschiedenen Zahl der Flottenstützpunkte hervor. England verfügt in der ganzen Welt über zahlreiche Stationen, wo es seine Handelsschiffe in Hilfskreuzer umwandeln, die Kriegsschiffe mit Kohlen versehen und die genommenen Prisen unterbringen kann. Ganz anders ist dagegen die Lage Deutschlands und der meisten anderen Staaten. Sie haben nur vereinzelte Flottenstützpunkte, und daraus erklärt sich ihr verschiedener Standpunkt zu den Problemen der Umwandlung von Handelsschiffen in Kriegsschiffe, der Kohleneinnahme in neutralen Häfen und der Zerstörung von Prisen. England würde noch viel günstiger gestellt sein, als es schon ohnehin ist, wenn es den anderen Staaten verboten wäre, die Handelsschiffe auf hoher See in Kriegsschiffe umzuwandeln, oder wenn die Kriegsschiffe in neutralen Häfen keine Kohlen einnehmen oder die Prisen nicht auf hoher See zerstören dürften. Deutschland verfocht auf der zweiten Haager Konferenz mit besonderer Energie den sich aus seiner Lage ergebenden Standpunkt und drang mit dieser Ansicht im wesentlichen durch. Weiter verdient zur Charakteristik der deutschen Stellungnahme im Haag hervorgehoben zu werden, daß wir mit Erfolg das Minenlegen auf hoher See gegenüber dem Widerstande Englands verteidigten, da Deutschland seiner Lage nach auf dieses Verteidigungsmittel nicht verzichten kann.

Wie ehrlich Deutschland um die Fortbildung des Seekriegsrechts bemüht war, sieht man daraus, daß es schon bald nach dem Schlusse der zweiten Haager Konferenz die sämtlichen auf das materielle Seekriegsrecht bezüglichen Abkommen ratifiziert hat, während z. B. England sowohl wie Rußland je zwei seekriegsrechtliche Abkommen jener Konferenz bis heute nicht genehmigt haben. Erst im April 1914 wurde im englischen Parlamente ein Gesetzentwurf eingereicht, dessen Annahme die Vorbedingung zu der noch ausstehenden Ratifikation zweier seekriegsrechtlicher Abkommen sein sollte. Der Ausbruch des Krieges verhinderte dann weitere Schritte Englands. Vor allem muß man sich schließlich vergegenwärtigen, daß die Ratifikation des Prisenhofabkommens ausschließlich am englischen Widerstande scheiterte. Wie fortschrittlich erscheint demgegenüber die deutsche Ratifikation sämtlicher Abkommen, wenn dabei auch eine größere Anzahl Vorbehalte gemacht wurden.

Bekanntlich hatte England, als es noch ernstlich an die Ratifikation des Prisenhofabkommens dachte und zu diesem Zwecke ein materielles Seekriegsrecht schaffen wollte, 1908 eine neue Seekriegskonferenz nach London berufen. Diese gelangte auch zu einer vollkommenen Regelung des Konterbande- und Blockaderechts. Leider hat dann eine in England entstehende Opposition, der sich die Regierung nicht energisch genug widersetzte, die Ratifikation dieser wertvollen Deklaration verhindert. Deutschland war von Anfang an bereit, diesen wertvollen Fortschritt anzunehmen, und war auch noch vor Beginn des europäischen Krieges nicht abgeneigt, zwecks Beseitigung der in England entstandenen Bedenken ein Anschlußprotokoll zu unterzeichnen. Noch am 28. April 1914 sprach ein deutscher Regierungsvertreter im Reichstage die Hoffnung aus, daß die neuen Verhandlungen, welche über die endgültige Annahme der Londoner Deklaration begonnen hätten, zu einem guten Resultate führen würden. Leider hat der Ausbruch des europäischen Krieges auch diese Erwartungen zu nichte gemacht.

3. Die Handhabung des Konterbanderechts durch Deutschland.

In der Schicksalstunde des August 1914 fragte es sich u. a., wie sich die Kriegführenden zu dem Konterbanderecht stellen würden. Bis zur Londoner Konferenz hatte es einheitliche Bestimmungen auf diesem Gebiete nicht gegeben, wenn sich auch gewiß mancherlei Grundregeln Anerkennung verschafft hatten. Leider war die Londoner Deklaration bei Kriegsbeginn nicht ratifiziert. Aber Frankreich hatte sich bereits 1912 in den neuen Priseninstruktionen alle wesentlichen Bestimmungen der Erklärung zu eigen gemacht, und da England offenbar keine anderen Regeln anwenden würde als Frankreich, so durfte man erwarten, daß diesmal etwas Ähnliches eintreten würde wie bei Beginn des Krimkrieges, als sich England und Frankreich unter dem Zwange, den Handelskrieg in gleicher Weise zu führen, auf liberale Bestimmungen geeinigt hatten. Leider aber geschah diesmal das Umgekehrte, indem Frankreich in das Schlepptau Englands genommen wurde und die Errungenschaften der Priseninstruktionen von 1912 aufgab. Ende August 1914 wurden die neuen englisch-französischen Bestimmungen über das Konterbanderecht bekannt gemacht. Sie waren sehr hart und führten insbesondere für die relative Konterbande das Prinzip der einheitlichen Reise wieder ein, d. h. selbst nach neutralen Häfen bestimmte Lebensmittel usw. sollten weggenommen werden dürfen, wenn die Endbestimmung feindlich wäre. Das war gegenüber der Londoner Deklaration ein gewaltiger Rückschritt. Dazu kam die Erweiterung der Vermutungen für die feindliche Bestimmung der Konterbande und die Regel, daß neutrale Schiffe auch nach vollendetem Konterbandetransporte noch weggenommen werden könnten, wenn sie infolge falscher Papiere unentdeckt geblieben waren. Diese außerordentliche Härte wirkte um so stärker, als England und Frankreich dauernd Änderungen an diesen Bestimmungen vornahmen, die die Rechtsunsicherheiten vermehrten. Bereits Ende Oktober wurden die Grundsätze über die Behandlung der Konterbande wesentlich umgemodelt. Z. B. wurde die Theorie der fortgesetzten Reise bei der relativen Konterbande nicht mehr ausnahmslos, sondern nur für besondere, freilich zahlreiche Fälle aufrecht erhalten, in erster Linie für die an Order bestimmten Waren. Gleichzeitig wurde die Liste der Konterbande immerfort erweitert. Gegenstände, die nur relative Konterbande waren, wie Stacheldrähte, Luftfahrzeuge und Motorfahrzeuge, wurden auf die Liste der absoluten Konterbande gesetzt, und Waren, die nach der Londoner Deklaration niemals zur Konterbande erklärt werden durften, wurden als Konterbande behandelt.

Über die Bedeutung aller dieser Maßregeln Englands durfte man zunächst zweifelhaft sein, solange man ihre Anwendung noch nicht beobachtet hatte. Es war gewiß möglich, auch strenge Grundsätze so zu handhaben, daß dadurch der Grundgedanke des Konterbanderechts gewahrt blieb, wonach lediglich die für das feindliche Heer und die Flotte bestimmten Waren weggenommen werden dürfen, die Zufuhr für die Zivilbevölkerung aber auf allen neutralen Schiffen, ferner auf feindlichen Schiffen dann, wenn die Waren neutrale Eigenschaft haben, unverletzlich sein muß. Bald aber bestätigten zahlreiche Proteste der Neutralen, insbesondere eine amerikanische Note von Ende Dezember 1914, daß die englischen Kriegsschiffe in rücksichtsloser Weise vorgingen. Die Amerikaner führten in jenem Proteste aus: Konterbandegegenstände würden vielfach auf Grund weitgehendster Vermutungen beschlagnahmt; insbesondere absolute Konterbande bereits dann, wenn in dem betreffenden neutralen Lande kein Ausfuhrverbot für die betreffende Ware erlassen sei. Auch schleppten die englischen Kriegsschiffe amerikanische Handelsschiffe ohne besonderen Verdacht in britische Häfen, um sie erst dort, anstatt auf hoher See, eingehend zu untersuchen. Dadurch entstände ein gewaltiger Zeitverlust, der durch Geldentschädigung nicht ohne weiteres ausgeglichen werden könne. Seit dieser Zeit haben die Engländer ihr Verfahren nicht gemildert. Es unterliegt keinem Zweifel, daß Großbritannien darauf hinausgeht, mit Hilfe des Konterbanderechts Deutschland auszuhungern, obwohl, wie bereits betont, mittels dieser Befugnis nur dem Heere, nicht aber auch der Zivilbevölkerung die Zufuhr entzogen werden darf. Es handelt sich hier nicht um die einmalige Verletzung eines einzelnen Satzes, sondern um die dauernde Nichtachtung eines fundamentalen Prinzips. Denn die Wegnahme der für die Zivilbevölkerung bestimmten Gegenstände ist nur erlaubt vermittels der Blockade und des auf Grund der Pariser Deklaration eingeschränkten Seebeuterechts. Da nun letzteres in seiner heutigen Gestalt zur Aushungerung des Gegners nicht mehr ausreicht, weil die Zufuhr auf neutralen Schiffen frei bleibt, andererseits eine Blockade vermittels auf hoher See aufgestellter Kreuzer wegen der Gefährlichkeit der Unterseebote untunlich erscheint, hat England das Konterbanderecht vergewaltigt, um durch seine Ausdehnung das zu erreichen, was auf gesetzmäßige Weise herbeizuführen unmöglich ist.

Man hat nun gelegentlich behauptet, die Aushungerung eines Landes in der von England beliebten Weise sei gar nicht unerlaubt; es handle sich hier um etwas Ähnliches wie um die Aushungerung einer Festung; wenn in letzterer die Zivilbevölkerung von allen Lebensmitteln abgeschlossen werden dürfe, so sei kein Grund ersichtlich, ein gleiches Verfahren für die Aushungerung eines ganzes Landes zu verbieten. Warum solle das eine verboten, das andere aber statthaft sein? Diese naturrechtliche Auffassung läßt sich leicht widerlegen. Das Völkerrecht hat für die Aushungerung eines Landes ganz bestimmte Grundsätze aufgestellt, und man kann ganz gewiß nicht durch den einfachen Hinweis auf die Aushungerung einer Festung die modernen Grundsätze beiseite schieben, die sich in hartem Kampfe durchgerungen haben und einen Triumph der Zivilisation bedeuten. Wahrlich, welchen Wert hätten die zahlreichen Grundsätze über das Blockade- und Seebeuterecht, wenn man die Frage, unter welchen Voraussetzungen der Zivilbevölkerung des Gegners die Zufuhr abgeschnitten werden darf, durch allgemeine Analogien mit dem Landkriegsrecht und nicht durch den Hinweis auf die positiven Sätze der Pariser Seerechtsdeklaration entscheiden dürfte! Deshalb muß es bei der Feststellung bleiben, daß England das Konterbanderecht nicht so handhabt, wie das die moderne Anschauung verlangt.

Wie aber stellte sich v. Tirpitz bei Ausbruch des Krieges zu der Frage des Konterbanderechts? Wir merken in seinen Erlassen zunächst nichts von jener Nervosität in dem Vorgehen Englands und Frankreichs, die nach Eröffnung der Feindseligkeiten zunächst ratlos dastanden, dann nach einigen Wochen ihre Bestimmungen bekannt gaben, sie aber bald wieder von Grund aus veränderten. Am 3. August wird in Deutschland bereits eine Prisenordnung veröffentlicht, und deren Bestimmungen sind in der Hauptsache bis Ende April 1915 maßgebend geblieben. Erst dann sah sich Deutschland infolge des Verhaltens seiner Gegner zu einer erheblichen Verschärfung veranlaßt. Die Prisenordnung in ihrer ersten Gestalt stellt ein vollkommenes Bekenntnis zu den Grundsätzen der Londoner Deklaration dar. Auch nicht in einem einzigen Punkte weicht diese Prisenordnung von den Prinzipien ab, die von der Londoner Deklaration als „im wesentlichen den allgemein anerkannten Grundsätzen des internationalen Rechts entsprechend“ anerkannt worden waren. Die Neutralen haben viel zu wenig beachtet, welch liberale Gesinnung aus diesem Verhalten unseres Staatssekretärs sprach. Sie haben noch nicht recht einsehen wollen, daß sich Deutschland damit an die Spitze derjenigen Regierungen stellte, die für die Freiheit des Meeres kämpfen wollen. Deutschland wartete nicht, bis die englisch-französischen Bestimmungen bekannt wurden, sondern veröffentlichte seine Grundsätze, ohne die Maßregeln seiner Gegner zu kennen. Um so glänzender erscheint dieses Verhalten, wenn man bedenkt, daß unsere Feinde dieser humanen Gesinnung nicht nur keine Rechnung trugen, sondern im Gegenteil trotz des deutschen Verhaltens, und obwohl sie davon Kenntnis hatten, die schärfsten Grundsätze aufstellten. Als dann das Vorgehen Englands und Frankreichs immer unerträglicher wurde, zeigte v. Tirpitz noch monatelang die äußerste Geduld. Statt sofort das Konterbanderecht zu verschärfen, gab er den Neutralen ausreichend Gelegenheit, in London vorstellig zu werden. Erst als sich die Erfolglosigkeit der Proteste mit einer an Gewißheit grenzenden Wahrscheinlichkeit herausstellte, wurde unserem Vorgehen nach fast dreivierteljähriger Dauer des Krieges ein ähnliches Konterbanderecht zugrunde gelegt, wie es unsere Gegner schon seit Beginn des Kampfes angewandt hatten. Dabei wurde aber ausdrücklich betont, daß die Verschärfung nur in Anwendnug eines Vergeltungsrechts Platz greife, und es im übrigen bei den bisherigen deutschen Prinzipien sein Bewenden haben solle.

Jeder der gerecht zu urteilen gewillt ist, muß erkennen, daß Deutschland im Seekriege gesonnen war, die Neutralen in möglichst geringem Umfange unter dem Kriege leiden zu lassen. Trotzdem hat sich diese Erkenntnis im neutralen Auslande so wenig durchgerungen, daß verschiedene kleine Vorfälle zu großen Aktionen aufgebauscht wurden. Man war mit den Vorwürfen gegen Deutschland auch auf dem Gebiete des Seekriegsrechts keineswegs sparsam. Namentlich in drei Fällen, auf die ich hier am besten nicht näher eingehe, haben die Neutralen einzelnen Vorgängen eine übertriebene Bedeutung beigemessen und an die Zerstörung ihrer Handelsschiffe scharfe Anklagen geknüpft. Ganz zu Unrecht. Es wurde vergessen, daß es sich hier — wenn überhaupt ein Versehen vorlag — um ganz vereinzelte Fälle handelte, wie sie im Seekriege unausbleiblich sind. Warum sind denn sonst die Prisengerichte da, wenn es nicht eine alte Erfahrung wäre, daß die Kommandanten von Kreuzern versehentlich Handelsschiffe oder Waren aufbringen bzw. versenken, ohne dazu berechtigt zu sein? Bei der Schnelligkeit, mit der die Kreuzer vorgehen müssen, um sich nicht von anderen Kriegsschiffen überraschen zu lassen, bleibt oft keine Zeit zur ausreichenden Prüfung; es kommen also irrtümliche Akte vor, und die geschädigten Personen müssen auf Schadensersatzansprüche

2*

verwiesen werden. Solange solche Versehen eine Ausnahme bilden und die Kriegsmarine im großen und ganzen äußerste Vorsicht walten läßt, sollte man einzelnen Maßnahmen gegenüber mit seiner Kritik zurückhaltend sein und nicht den guten Willen des deutschen Seeoffiziers bezweifeln.

4. Das Seebeuterecht und der Unterseebootkrieg.

Auch auf dem Gebiete des Seebeuterechts hat Deutschland einen durchaus liberalen Standpunkt vertreten. Gleich zu Beginn des Krieges erklärten wir uns bereit, den in unseren Häfen liegenden englischen Handelsschiffen eine Frist zum freien Auslaufen zu gewähren, falls England den deutschen Schiffen das gleiche zugestände. Leider aber wollte Großbritannien diese Indultfrist nur den Schiffen unter 5000 Tonnen gewähren, und infolgedessen kam eine Verständigung über diese Frage nicht zustande.

Eine ebenfalls entgegenkommende Haltung, und zwar bezüglich des Vorgehens gegen bewaffnete feindliche Kauffahrer, zeigt die bereits erwähnte deutsche Prisenordnung. Darauf darf man gerade in einem Augenblicke besonders hinweisen, da England vorübergehend die Besatzung der deutschen Unterseeboote völkerrechtswidrig nicht als Kriegsgefangene, sondern als Strafgefangene behandelt hat, um für den erlittenen Schaden Vergeltung zu üben. Es bestand nämlich vor dem Kriege und besteht noch heute eine Meinungsverschiedenheit in Theorie und Praxis darüber, ob feindliche Kauffahrer den Kriegsschiffen Kriegführender Widerstand leisten dürfen oder nicht. Nimmt man das erstere an, so muß die Besatzung des Kauffahrers gleich Kriegsgefangenen behandelt bzw. freigelassen werden; teilt man den letzteren Standpunkt, so steht sie Franktireuren gleich und darf standrechtlich erschossen werden. Deutschland ist der strengeren Meinung. Es hat aber nicht darauf bestanden, seine Meinung als ausschließlich maßgebend anzusehen, sondern in der Praxis seinen Standpunkt modifiziert, indem es sich zu folgendem Zugeständnis bereit erklärte: Diejenigen Mannschaften, die auf einem von vornherein armierten Handelsschiffe Widerstand leisten, sollen nach deutschem Prisenrechte wie Gefangene behandelt werden, und nur diejenigen Mannschaften dürfen standrechtlich erschossen werden, welche auf einem Handelsschiffe Widerstand leisten, das nicht von Anfang an für solchen Widerstand durch geeignete Geschütze eingerichtet ist.

Als bemerkenswert ist ferner die Ritterlichkeit hervorzuheben, mit der unsere großen Auslandskreuzer, insbesondere die Emden, die feindlichen Kauffahrer und insbesondere deren Besatzung behandelt haben.

Wenn man in neutralen Ländern auf das humane Verfahren des Staatssekretärs v. Tirpitz hinweist, so wird uns entgegnet, unser Unterseebootkrieg mit der sofortigen Torpedierung von feindlichen Handelsschiffen sei wegen der Gefährdung der Nichtkombattanten so grausam, daß er alle fortschrittlichen Errungenschaften wieder zu nichte mache. Demgegenüber ist nun folgendes klarzustellen. Der deutsche Unterseebootkrieg ist gewiß insofern härter als der gewöhnliche Handelskrieg, als die feindlichen Handelsschiffe vor der Zerstörung nicht regelmäßig angehalten werden und die Schiffsmannschaft häufig ertrinkt. Aber unser Vorgehen stellt lediglich eine Repressalie gegenüber dem völkerrechtswidrigen Verhalten Englands, besonders in der Konterbandefrage, dar. England will uns aushungern und nimmt zu diesem Zwecke, da das Blockade- und Seebeuterecht aus den bereits erwähnten Gründen nicht genügen, das Konterbanderecht zu Hilfe, obwohl durch dieses immer nur dem Heere und der Flotte, niemals aber der Zivilbevölkerung die Zufuhr abgeschnitten werden darf. Ist es schon an sich eine moralisch verwerfliche Kampfart, ein Volk, das ungeheure Blutopfer gebracht hat, trotz seiner Tapferkeit und seiner Hingabe lediglich durch Verhungern zu Boden schmettern zu wollen, so wird ein solches Verhalten dann gewiß zu einem Frevel, wenn man sich Mittel bedient, die von der modernen Entwicklung des Völkerrechts als unerlaubt hingestellt werden. Deutschland hat geduldig gewartet, ob nicht England infolge der Proteste der Neutralen von seinem Verfahren ablasse, und erst nach mehr als sechsmonatlicher Dauer des Krieges den Unterseebootkrieg in der erwähnten Form eröffnet. Auch dann aber hat Deutschland noch wiederholt erklärt, es sei bereit, zu den gewöhnlichen Regeln des Seebeuterechts zurückzukehren, wenn England die Londoner Deklaration ratifiziere. Trotz einer Vermittlungsaktion der Vereinigten Staaten ist England unnachgiebig geblieben. Daher war Deutschland in vollem Maße zu seinem Vorgehen berechtigt. Denn das geltende Völkerrecht gestattet solche Maßregeln in Form einer Vergeltung ganz gewiß.

Im einzelnen ist es nicht möglich, in dem deutschen Vorgehen gegen England eine Umgehung des Effektivitätsprinzips der Blockade zu erblicken. Es handelt sich vielmehr nur um eine Erklärung der englischen Gewässer zum Kriegsgebiet. Was ist darunter zu verstehen? Das Völkerrecht hat bis zu Beginn des europäischen Krieges diesen Ausdruck nicht gekannt, und man muß daher aus allgemeinen Grundsätzen ableiten, welcher Sinn diesen Worten zukommt. Kein Kriegführender hat das Recht, die hohe See zu sperren, es sei denn, daß es sich um eine Blockade handelt. Selbst als Vergeltungsmaßregel ist das unzulässig, weil sich die Repressalie immer nur gegen den Rechtsbrecher, nicht aber gegen Dritte richten darf. Deshalb kann auch durch die Erklärung der hohen See zum Kriegsgebiet den neutralen Schiffen das Befahren dieser Gewässer nicht verboten werden. Da aber feindliche Handelsschiffe auch ohne eine Sperrerklärung beschlagnahmt werden dürfen, so erkennen wir, daß in dieser Sperrerklärung in scharfem Gegensatze zu der Blockade überhaupt kein Verbot zu erblicken ist. Es soll nur eine Warnung an die Neutralen sein, damit sie in dem Sperrgebiet eine besondere Sorgfalt anwenden oder möglichst fernbleiben, weil die Gefahren, die den englischen Handelsschiffen von den deutschen Unterseebooten drohen, versehentlich auch neutrale Schiffe treffen können. Den neutralen Schiffen wird in der Sperrerklärung ein Weg angewiesen, aber keiner verboten. Ein neutrales Handelsschiff, das im Kriegsgebiet versehentlich in den Grund gebohrt wird, würde sicherlich dann keine Schadensersatzansprüche stellen können, wenn es die erforderliche besondere Sorgfalt nicht angewandt hat. Deutschland erhofft nun von der Sperrerklärung eine abschreckende Wirkung auch auf die neutrale Schiffahrt, damit dadurch die Lahmlegung der englischen Zufuhr noch verstärkt wird. Wir wünschen, wenn wir auch rechtlich darauf keinen Anspruch haben und keinen solchen erheben, daß die Neutralen dem Kriegsgebiet möglichst fern bleiben.

Wir wollen nunmehr näher prüfen, welcher Art die Befugnisse der deutschen Unterseeboote innerhalb der zum Kriegsgebiet erklärten Gewässer sind, und zu diesem Zwecke zunächst darauf hinweisen, wie sich bisher die Wegnahme von feindlichen oder neutralen Handelsschiffen im großen und ganzen tatsächlich abspielte. Sobald ein Kriegsschiff ein Handelsschiff bemerkte, forderte es dasselbe durch einen blinden Kanonenschuß zum Halten auf. Interessant ist, daß sich nach den meisten Prisenreglements das Kriegsschiff bei der Verfolgung des Handelsschiffes einer falschen Flagge bedienen darf. Erst in dem Augenblicke des Anhaltens muß es die richtige Flagge hissen. Weigert sich das Handelsschiff anzuhalten, so darf sein Widerstand mit Waffengewalt gebrochen werden. Regelmäßig aber wird sich das Handelsschiff gutwillig durchsuchen lassen. Ein Offizier des Kriegsschiffes geht dann mit einem Kommando an Bord des Handelsschiffes und stellt fest, ob es feindliche Eigenschaft habe oder Konterbande mit sich führe usw. Unterliegt nun das Handelsschiff nach völkerrechtlichen Grundsätzen der Beschlagnahme, so wird es von dem Kriegsschiff im allgemeinen in einen Prisenhafen geführt und dort von einem Prisengericht abgeurteilt. Erst durch das Urteil des Prisengerichts geht nach deutschem Prisenrechte das Eigentum der genommenen Prise auf den Nehmestaat über. Sehr oft aber ergibt sich die Unmöglichkeit, das Schiff in einen Hafen zu bringen, wenn z. B. ein feindliches Kriegsschiff in der Nähe und daher eine Wiederwegnahme zu befürchten ist. Viel zahlreicher noch sind die Fälle, wo ein Kriegsschiff das Fahrzeug nicht in einen Hafen schleppen kann, weil es sich in unendlicher Entfernung von der Heimat befindet. Ganz gewiß kann es für die deutschen Unterseeboote gar nicht in Betracht kommen, die Handelsschiffe in Prisenhäfen zu bringen. Sie werden regelmäßig zur Zerstörung schreiten müssen. Aber diese ist vom

Völkerrecht durchaus gestattet, und die neuen Fragen, die der Unterseebootkrieg aufwirft, beziehen sich nur auf die besonderen Formen, unter denen eine Zerstörung stattfinden darf.

Als bedeutsame Regel galt es bisher, daß die Zerstörung einer Prise nur geschehen sollte, nachdem die Mannschaft des Handelsschiffes gerettet worden war. Wie soll nun ein Unterseeboot Raum genug für die Aufnahme der Besatzung und gegebenenfalls der Passagiere haben? Es wäre formalistisch, wollte man den Unterseebooten deswegen die Ausübung des Handelskrieges untersagen, weil sie zur Erfüllung dieser Förmlichkeiten nicht imstande sind. Deshalb muß es in der Regel genügen, daß die Unterseeboote den Mannschaften feindlicher oder neutraler Handelsschiffe Gelegenheit geben, ein Rettungsboot zu benutzen. Manchmal werden auch Lazarettschiffe in der Nähe sein, um die Besatzung aufzunehmen. Ja, falls es sich um neutrale Handelsschiffe handelt, die nur geringe Mengen von Konterbande befördern oder die eine sehr große Zahl von Passagieren mit sich führen, wird die Großmut der deutschen Seeoffiziere sich wohl auch damit begnügen, dem Schiffe eine andere Fahrt, insbesondere auch die Umkehr, anzubefehlen oder sich mit der Zerstörung der Konterbandewaren zu begnügen.

Viel wichtiger aber als diese Besonderheit ist eine andere. Die Rettung der Mannschaften setzt voraus, daß das Handelsschiff vorher angehalten wird. Das ist in der Regel deswegen erforderlich, weil die feindliche oder neutrale Eigenschaft des Schiffes oder das Vorhandensein von Konterbande festgestellt werden muß. Diese Durchsuchung des Handelsschiffes setzt aber ein Auftauchen des Unterseebootes voraus, wodurch es in Gefahr gerät, von Kanonen oder Handbomben solcher Handelsschiffe, die von unseren Gegnern bewaffnet worden sind, getroffen bzw. gerammt zu werden. Auch können feindliche Kriegsschiffe herannahen und das Tauchboot vernichten. Die deutschen Unterseeboote haben nun deshalb Befehl, geeignetenfalls feindliche Handelsschiffe ohne weiteres, also mit samt der Mannschaft, in Grund und Boden zu schießen; betreffs der neutralen Schiffe aber sind solche Befehle nicht ergangen. Ihnen gegenüber wird also ein Unterseeboot regelmäßig versuchen, der Mannschaft vorher Gelegenheit zu geben, sich vor der Zerstörung zu retten. Auch solche neutralen Schiffe, die zweifellos Konterbande mit sich führen, werden nicht absichtlich torpediert werden. Das soll nur gegenüber feindlichen Handelsschiffen geschehen. Dabei fragt sich, ob eine solche Torpedierung lediglich deshalb statthaft sein muß, weil zum Handelskrieg fortan Unterseeboote in großer Zahl benutzt werden. Die deutsche Regierung hat diese Frage verneint, indem sie in richtiger Erkenntnis der Dinge diese Verschärfung nur als Vergeltungsmaßregel für erlaubt ansehen will. In der Tat, wenn man die Geschichte des Seekrieges verfolgt, so sieht man deutlich, daß die Entwicklung nicht auf eine Verschärfung, sondern auf eine Humanisierung der gegen den Seehandel gerichteten Maßregeln hinausläuft. Das beweisen die Versuche der bewaffneten Neutralitäten, die Pariser Seerechtsdeklaration und die amerikanischen Anträge auf den Haager Friedenskonferenzen. Neue Erfindungen berechtigen nicht zu einem Verzichte auf die großen Errungenschaften seekriegsrechtlicher Entwicklung, worin wir einen Triumph der kulturellen Entwicklung zu erblicken gewöhnt sind. Wohl aber kann das alte Recht durch die Siege der Technik in Einzelheiten modifiziert werden.

Freilich, in einem Falle kann man meines Erachtens den Unterseebooten, selbst wenn es sich nicht um Repressalien handelt, die Befugnis nicht bestreiten, feindliche Handelsschiffe ohne vorherige Anhaltung in Grund und Boden zu schießen, dann nämlich, wenn es sich um bewaffnete Kauffahrer handelt, wie solche die englische Flotte besitzt. Soll sich das Unterseeboot in Gefahr begeben, bei der Durchsuchung von dem bewaffneten Handelsschiffe durch einen Kanonenschuß zum Sinken gebracht oder gerammt zu werden? Angesichts der zu erwartenden Verteidigung eines armierten Handelsschiffes wird ein Unterseeboot von vornherein darauf bedacht sein müssen, den Widerstand zu brechen, da es sich sonst selbst in Gefahr begibt. Das es sich hier nicht um eine gesuchte Verteidigung pro domo, sondern um eine wissenschaftliche Überzeugung handelt, die bei ruhiger Prüfung bestehen kann, ergibt sich aus der Tatsache, daß diese Meinung bereits vor Ausbruch des Krieges von Geheimrat Triepel (Berlin), in der „Zeitschrift für Völkerrecht" vertreten worden ist, freilich ohne besondere Bezugnahme auf den Unterseebootkrieg.

Obwohl also der deutsche Unterseebootkrieg als Vergeltungsmaßregel vollkommen berechtigt ist, hat England der Gefahr zum Teil dadurch zu entgehen versucht, daß es seine Handelsschiffe anwies, sich neutraler, also falscher Flaggen zu bedienen. Den deutschen Unterseebooten soll es dadurch erschwert werden, die englischen Schiffe als solche zu erkennen. Ich will hier nicht untersuchen, ob das bisherige Völkerrecht in einzelnen Fällen den Gebrauch falscher Flaggen gestattete. Sicherlich ist es noch nie vorgekommen, daß von diesem Mittel der Kriegslist in solcher Ausdehnung und auf Anweisung einer Regierung hin Gebrauch gemacht worden ist. Wenn in früheren Zeiten einmal ein feindliches Handelsschiff in höchster Gefahr eine falsche Flagge hißte, um der Aufbringung zu entgehen, so haben die neutralen Staaten kaum dagegen Einspruch erhoben. Wird man ihnen aber auch zumuten können, ihre Flaggen nun planmäßig in so ausgedehnter Weise benutzt zu sehen, daß ihre eigenen Schiffe dadurch in höchste Gefahr geraten? Man wird diese Frage nur verneinen können, ganz abgesehen davon, daß schon vor Beginn dieses Krieges nahmhafte Autoren den Standpunkt vertreten haben, die Benutzung eines Hoheitszeichens zum Zwecke der Täuschung ginge weit über das Maß des Erlaubten hinaus.

Als ich in einer längeren Zuschrift an den Amsterdamer Telegraaf, der meine Ausführungen am 12. März 1915 in deutscher Sprache veröffentlichte, mit dem Hinweise auf das englische Verhalten den deutschen Unterseebootkrieg für berechtigt erklärte, erwiderte der juristische Mitarbeiter des Telegraaf in derselben Nummer: Man könne vielleicht zugeben, daß Repressalien nach dem augenblicklichen Stande des Völkerrechts erlaubt seien; doch wäre zu bedenken, daß die Gegenmaßregel zum mindesten derjenigen gleichartig sein müsse, gegen die sie sich richte. Wenn das englische Vorgehen lediglich den Schiffsverkehr von Englands Feinden hindere, so dürfe Deutschland nicht in der Weise antworten, daß es das Leben von Nichtkombattanten gefährde. Auf diesen Einwand wird man entgegnen können, daß wir keineswegs auf eine Vernichtung von Menschenleben ausgehen, sondern lediglich den englischen Handel lahm legen wollen. Daß dabei auch die Besatzung von Handelsschiffen gelegentlich zugrunde geht, ist eine unbeabsichtigte Folge, deren Vermeidung die ritterliche Besatzung der deutschen Unterseeboote nach Möglichkeit erstrebt. Das letztere aber wird ihr nie ganz gelingen können, solange von seiten der Handelsschiffe die Vernichtung der Unterseeboote versucht wird. Ist es ferner richtig, daß England lediglich unseren Schiffsverkehr hemmen will? Ist das englische Vorgehen nicht vielmehr nur Mittel zu dem wichtigeren Zwecke, Deutschland auszuhungern? Richtet sich also nicht der englische Kampf darauf, die deutsche Zivilbevölkerung eines langsamen Hungertodes sterben zu lassen? Bedeutet nicht diesem englischen Plane gegenüber die deutsche Vergeltungsmaßregel, die das Leben der Nichtkämpfer möglichst schonen will, eine verhältnismäßig milde Erwiderung? Die Sache liegt also meines Erachtens gerade umgekehrt, wie sie der Telegraaf auffaßt: Es ist nicht so, daß wir auf eine Maßregel, die lediglich die Unterbrechung unseres Schiffsverkehrs beabsichtigt, das Leben von Nichtkämpfern in Gefahr setzen, vielmehr antworten wir auf den Plan Englands, die deutsche Zivilbevölkerung zum Hungertode zu verurteilen, mit einer Repressalie, die nur den englischen Schiffsverkehr gefährden will, aber das Leben der Zivilpersonen unangetastet läßt, soweit dies möglich erscheint. Nur wenn wir durch unseren Unterseebootkrieg ebenfalls England aushungern wollen (wieweit dies möglich ist, können wohl nur unsere leitenden Kreise beurteilen), wäre unsere Maßregel eine solche, die eine gleichartige Vergeltung darstellt.

Die deutschen Vergeltungsmaßregeln sind nicht nur nicht willkürlich, sondern stellen sogar die logisch allein folgerichtige Abwehr dar. Denn infolge des tiefen, unzertrennbaren Zusammenhanges zwischen Konterbande- und Seebeuterecht ist es das einzig Richtige, gegenüber einer Vergewaltigung des Konterbanderechts mit einer Verschärfung des Seebeuterechts zu antworten. Dehnt nämlich der Gegner die Liste der Konterbandegegenstände aus, ja fügt er den nach Konterbanderecht wegzunehmenden Waren auf Grund weithergeholter Vermutungen solche hinzu, die in Wahrheit ganz ausschließlich für die feindliche Zivilbevölkerung bestimmt sind, dann wird praktisch die Milderung, die dem Seebeuterecht durch die Pariser Seerechtsdeklaration zuteil geworden ist, aufgehoben, und im Widerspruche mit dem Geiste des Seekriegsrechts werden neutrale Waren auf feindlichen Schiffen und feindliche Waren auf neutralen Schiffen weggenommen. So ist eine klare Anerkennung der Grundgedanken des Konterbanderechts eine der wesentlichsten Voraussetzungen dafür, daß von dem Gegner eine Befolgung der zahlreichen humanen Vorschriften betreffend das Seebeuterecht verlangt werden kann. England kann sich daher überhaupt nicht über ein zu scharfes Vorgehen der deutschen Unterseeboote gegenüber seinen Handelsschiffen beschweren, solange es selbst das Konterbanderecht nicht beachtet. Sicherlich genügen kleinere Verstöße nicht, um diese Reziprozität in der angedeuteten Weise praktisch zu handhaben. Aber daß England wirklich den Kernpunkt des gesamten Konterbanderechts mißachtet, ist erwiesen, seitdem der amerikanische Protest gegenüber England im Dezember 1914 veröffentlicht worden ist.

So ergab sich ganz aus der Logik der Dinge heraus, daß Deutschland gegenüber der Nichtachtung des Konterbanderechts von seiten Englands mit einer Verschärfung des Seebeuterechts antwortete. Man kann vielleicht sagen, wir hätten uns, anstatt eine sofortige Torpedierung der feindlichen Handelsschiffe vorzunehmen und unter Umständen das Leben von Nichtkämpfern zu gefährden, darauf beschränken sollen, etwa die Sätze der Pariser Seerechtsdeklaration außer Kraft zu setzen. Dann hätten wir neutrales Gut auf feindlichen Schiffen und feindliches Gut auf neutralen Schiffen im Gegensatze zu dem bisherigen Verfahren weggenommen. Wenn das nicht geschehen ist, so dürfte dies auf das Bestreben zurückzuführen sein, daß unsere Maßregeln möglichst nur unsere Feinde, nicht aber die Neutralen, zu deren Schutz in erster Linie die Pariser Seerechtsdeklaration bestimmt war, treffen sollten.

Wenn trotzdem die Neutralen nicht einsehen wollen, daß Deutschland zu seinem Vorgehen durch England gezwungen worden ist, so kann man sich das lediglich dadurch erklären, daß die sofortige Torpedierung von Handelsschiffen die Sinne und die Aufmerksamkeit mehr beschäftigt und für naive Gemüter grausamer erscheint als die scharfe Anwendung des Konterbanderechts. Aber wenn man sich das Endziel der englischen Konterbandepolitik, die Aushungerung der deutschen Zivilbevölkerung, vergegenwärtigt, so muß man erkennen, daß kein Plan größere Zurückweisung verdient als derjenige, ein Volk, das für seine Selbständigkeit mit Mut und Ausdauer kämpft, trotz aller Tapferkeit durch das Gespenst des Hungers zugrunde gehen zu lassen.

Besonderes Entsetzen hat es nun erregt, daß Deutschland Anfang Mai durch ein Unterseeboot den großen englischen Cunarddampfer „Lusitania“ torpediert hat. Was für ein wertvolles Schiff dadurch auf den Meeresgrund versenkt wurde, mag man daraus ersehen, daß ich in meiner 1909 erschienenen Arbeit „Das Beuterecht im Land- und Seekriege“ die Härte des Seebeuterechts dadurch am besten zu charakterisieren glaubte, daß ich auf S. 40 den Leser bat, sich einmal vorzustellen, daß ein so prachtvoller Vierschraubenturbinendampfer wie die Lusitania der Cunardlinie der Grausamkeit des Seebeuterechts unterworfen würde. Wie aus den bisherigen Ausführungen hervorgeht, war jedoch diese Zerstörung, die innerhalb des Kriegsgebietes geschah, als Repressalie durchaus berechtigt, wobei ganz davon abgesehen werden kann, ob die Lusitania bewaffnet war oder nicht. Oder waren wir etwa verpflichtet, wegen der

1500 zum Teil neutralen Passagiere, von denen ein großer Teil mit untergegangen ist, von unserem Vorhaben abzusehen? War die Torpedierung an sich berechtigt, so brauchten wir auf die Besatzung und die Passagiere keine Rücksicht zu nehmen, vorausgesetzt, daß diese von der Vergeltungsmaßregel rechtzeitig in Kenntnis gesetzt waren und andere Fahrzeuge benutzen konnten. Das ist in der Tat geschehen, und zum Überfluß ist noch eine besondere Warnung des deutschen Botschafters in Washington ergangen, daß die Torpedierung gerade der Lusitania beabsichtigt war. Das die Lusitania so schnell gesunken ist und nicht mehr Menschen gerettet werden konnten, dürfte vor allem auf eine Explosion zurückzuführen sein, die durch die Entzündung von Munition durch das Torpedo hervorgerufen wurde. Soll doch die Lusitania für 200 000 Dollar Munition, für 112 000 Dollar Kupfer, Messing und Eisen und für 67 000 Dollar militärische Gegenstände an Bord gehabt haben.

Zum Schluß sei bemerkt, daß die in diesem Kriege hervorgetretene hohe Bedeutung der Unterseeboote wohl zu Änderungen des Prisenrechts Anlaß geben dürfte, falls man nicht überhaupt — was das Beste wäre — das Seebeuterecht ganz beseitigt. Einen weiteren Einfluß dürfte das Aufkommen der Unterseeboote auf die Frage einer Rüstungsbeschränkung haben, deren internationale vertragsmäßige Festsetzung nur eine Frage der Zeit sein kann [1]). Wir müssen heute unbedingt zugeben, daß eine Vereinbarung mit England über die Zahl der großen Linien-

[1]) Vgl. meine im Auftrage der Interparlamentarischen Union verfaßte Denkschrift „Limitation des Armements; relevé des projets émis pour la solution du problème, précédé d'une introduction historique" (Bruxelles, Misch & Thron, 1914, 104 S.).

schiffe für Deutschland nicht schädlich gewesen wäre, da ja Unterseeboote nach Belieben hätten gebaut werden dürfen. In den Sitzungen der Budgetkommission des Reichstags vom 7. Februar 1913 und 4. Februar 1914 hatte v. Tirpitz seiner Zeit ein Verhältnis der Linienschiffe von 10 zu 16 für annehmbar erklärt.

---

5. Das Blockade- und Minenrecht.

An dem Tage, an dem im September 1914 binnen wenigen Stunden Kapitänleutnant Weddigen vom U 9 die englischen Panzerkreuzer La Hogue, Aboukir und Cressy zum Sinken brachte, konnte der englische Plan einer Blockade der deutschen Nordseeküste als gescheitert gelten. Denn das Völkerrecht verlangt zur Blockierung nach der Pariser Deklaration Effektivität, d. h. den Abschluß der blockierten Zone durch eine ununterbrochene Reihe von Schiffen, so daß ein Durchbruch durch die Blockadezone nahezu unmöglich ist. Infolge des Aufkommens der Unterseeboote aber schien es unmöglich, englische Kreuzer dauernd in der Nordsee zu stationieren. Das war für England natürlich eine äußerst unangenehme Entdeckung, und man prüfte sofort, wie man auf anderem Wege den bisher mit der Blockade erreichten Zweck durchführen könne. Das berühmte Prinzip der Effektivität der Blockade wagte man zunächst noch nicht zu umgehen. Denn hier handelte es sich ja um vertragsmäßig anerkanntes Recht fast aller zivilisierten Staaten. Man versuchte daher englischerseits eine dauernde Minensperre auf hoher See anzulegen. Dadurch wurde zwar die Handelsschiffahrt Deutschlands nicht vollkommen unterbunden, immerhin aber der mit Hilfe des Konterbanderechts bereits begonnene Versuch einer Aushungerung Deutschlands nicht unwesentlich unterstützt. Dabei ließ man in England ganz unbeachtet, daß gerade Großbritannien

3*

auf der zweiten Haager Friedenskonferenz das Minenlegen auf hoher See grundsätzlich bekämpft hatte. Jetzt ging man sogar zu einer dauernden Sperre der Nordsee vermittels Minen über. Damals wurde sofort von allen Seiten gegen ein solches Verfahren protestiert. England hat wohl behauptet, daß von unserer Seite zuerst Minen auf hoher See gelegt worden sind. Von deutscher amtlicher Seite ist diese Behauptung bestritten worden. Jedenfalls steht soviel fest, daß England zuerst größere Strecken der hohen See in dieser Weise gesperrt hat. Es hat also den Anfang damit gemacht, die Unsicherheit auf der hohen See für Handelsschiffe unendlich zu steigern. Daß Deutschland später dasselbe getan hat, ist leicht verständlich.

So läßt sich auch in dieser Beziehung die Behauptung aufstellen, daß England uns zu unserem Verhalten gezwungen hat. v. Tirpitz hat auch hier mit Repressalien bis zum letzten Augenblicke gewartet und alle Möglichkeiten erwogen, die Aufgaben der deutschen Seekriegsführung mit den Anforderungen des modernen Völkerrechts in Einklang zu stellen. Englands Verhalten hat das gehindert. Wie kühl wir alle Verletzungen des Völkerrechts durch England haben an uns herankommen lassen und wie wir ohne Nervosität dem Gegner Zeit zur Umkehr und Besonnenheit gegeben haben, läßt sich schließlich noch auf einem anderen Gebiete nachweisen, wo Deutschland bis zur Stunde das englische Verhalten noch nicht nachgeahmt hat. Ich spiele hierbei auf die neuesten englisch-französischen Maßregeln an, die Gegenrepressalien gegen den deutschen Unterseebootkrieg sein sollen und die Zurückhaltung sämtlicher von und nach Deutschland gehender Waren beabsichtigen. Das ist eine fiktive Blockade in verdünnter Form. Sie ist insoferen milder als die papierne Blockade früherer Zeiten, als die deutschen Waren, soweit sie keine Konterbande sind, nur gegen Entschädigung eingezogen, nicht aber ohne weiteres konfisziert werden sollen. Andererseits stellt sie in zweifacher Hinsicht eine Verschärfung dar, indem sich die Festhaltung auch auf die Waren deutschen Ursprungs erstreckt, selbst wenn es sich um den Warenaustausch zwischen neutralen Ländern handelt, und indem diese Festhaltung nicht nur innerhalb einer bestimmten Blockadezone, sondern überall, selbst auf der Fahrt nach neutralen Häfen, vorgenommen werden soll. England hat diese Maßregel — obwohl es übrigens gar nicht zu Repressalien berechtigt ist — als Vergeltungsmaßnahme bezeichnet. Es ist sich also mit Frankreich darüber klar, daß das geltende Recht an sich einer solchen Zurückhaltung sämtlicher Waren von und nach einem bestimmten Lande widerspricht. Deutschland hat bis zur Stunde darauf noch nicht durch eine entsprechende Maßregel geantwortet, obwohl es ihm nunmehr freistehen muß, auch die von und nach England bzw. Frankreich gehenden Waren ausnahmslos zurückzuhalten. Dieses deutsche Verhalten wird man um so mehr anerkennen müssen, als die amerikanische Note an Großbritannien das Vorgehen unserer Gegner in der zuletzt genannten Richtung teilweise sogar noch in Schutz nimmt, nach dem Aufkommen der Unterseeboote, der Minen und Flugzeuge nicht mehr auf einer Einhaltung der früher für die Blockade bestimmten Voraussetzungen bestehen will und daher den Protest nur auf gewisse Maßnahmen bezogen wissen will. Leider wird wohl auch hier nach Ablauf der Geduldfrist, die Deutschland zwischen jeder englischen Maßnahme und deren Erwiderung offen läßt, um dem Gegner ein Einlenken zu ermöglichen, von dem deutschen Admiralstab zu Vergeltungsmaßregeln geschritten werden müssen.

6. Die amerikanischen Waffenlieferungen.

Man wird das deutsche Verhalten um so höher einschätzen, je mehr man sich vergegenwärtigt, unter wie schwierigen Verhältnissen v. Tirpitz an der Berücksichtigung der Rechte der Neutralen festgehalten hat. Von Anfang an hat es Amerika an der nötigen Energie fehlen lassen, um England von seinem völkerrechtswidrigen Verhalten abzubringen. Es ist sicherlich kein Ruhmesblatt in der Geschichte des amerikanischen Volkes, zu dem wir als Vertreter der idealen Interessen der Menschheit sonst mit Verehrung emporschauen, daß es im Verlaufe des Krieges nicht imstande war, die Befolgung der Grundsätze des Seekriegsrechts von seiten Englands durchzusetzen. Geradezu bedenklich aber ist die Haltung Amerikas ganz gewiß in der Frage der Waffenlieferungen. Man braucht sich hier nicht darauf zu beschränken, vom moralischen Standpunkte aus die Vereinigten Staaten zu beschuldigen, sondern man wird nachweisen können, daß auch rechtlich ein Ausfuhrverbot Amerikas von Deutschland verlangt werden kann. Der bekannte Art. 7 des Haager „Abkommens über die Rechte und Pflichten der Neutralen im Seekriege" von 1907 gilt in diesem Kriege nicht, da vor allem England und die Balkanstaaten das Abkommen nicht ratifiziert haben, die Bestimmungen aber nur angewandt werden sollen, wenn alle Kriegführenden Vertragsmächte sind. Wir haben also in dieser Frage lediglich völkerrechtliches Gewohnheitsrecht. Mehr als jedes andere Recht ist nun das Völkerrecht ein billiges Recht, und wie Strisower einmal gesagt hat, „kann die Tragweite der einzelnen Übungsfälle, die ein Gewohnheitsrecht konstituieren, vielfach nur in den Grenzen der Billigkeit gedeutet werden". Nun war zwar nach dem bisherigen Gewohnheitsrechte sicherlich ein Staat nicht verpflichtet, ein Ausfuhrverbot zu erlassen, selbst wenn die Lieferung nur an eine Partei möglich war. Aber im gegenwärtigen Kriege hat zum ersten Male in der Geschichte des Völkerrechts, infolge des Aufkommens der Maschinengewehre und der Schnellfeuerkanonen, die Munitionsfrage eine so ungeheure Bedeutung gewonnen, daß die Rechtslage eine ganz andere geworden ist. Schon 1898 hat der amerikanische Gesandte in Buenos Aires in einer Note an den Staatssekretär Hay seine Zustimmung zu folgender Auffassung ausgesprochen, die ihm gegenüber der argentinische Minister des Äußeren Irrigoyen vertreten hatte: „daß nämlich, wenn die Verschiffung von Kriegsmaterial in einem solchen Umfange erfolgt, daß sie zu einer wichtigen Kriegshilfe wird, die neutralen Regierungen pflichtmäßige Sorgfalt anwenden müssen, um einen solchen Handel mit einer der Kriegsparteien zu verhindern, damit nicht das neutrale Gebiet zum Zentrum von Expeditionen wird, die im Widerspruche mit der Neutralität stehen". Diese vor mehr als 15 Jahren von amerikanischer Seite für richtig erkannte Auffassung muß auf den gegenwärtigen Fall um so mehr angewandt werden, als sich seitdem die Verhältnisse völlig gewandelt haben und die Waffenlieferung an sich eine ganz andere Bedeutung einnimmt. Früher hatten die Lieferungen dieser Art zwar eine nicht unwesentliche, aber doch niemals entscheidende Bedeutung. Es war regelmäßig so, daß die kriegführenden Mächte selbst in der Hauptsache über die nötigen Munitionsmengen verfügten. Das ist nun anders geworden, seitdem durch die moderne Technik Waffen erfunden worden sind, die Unsummen von Munition gebrauchen. Jetzt kann durch die regelmäßige und in großem Maßstabe organisierte Nachlieferung von Munition aus neutralen Ländern die Wirksamkeit der Maschinengewehre und Schnellfeuerkanonen ganz gewaltig vergrößert werden. Es ist geradezu ein Hohn auf den Grundsatz der Neutralität, jetzt noch an dem formellen Standpunkt der Offenhaltung der Märkte für alle Kriegführende festzuhalten. Vielmehr muß es jetzt darauf ankommen, daß wirklich beide Parteien oder gar keine unterstützt werden. Ja, man wird sogar in die Zukunft blickend sagen dürfen: Die Lieferung von Waffen und Munition sei heute so wichtig geworden, daß die Entwicklung unbedingt auf ein prinzipielles Verbot der Lieferung durch neutrale Personen hindrängt, weil dadurch der Krieg verlängert wird. Aber das ist schließlich eine Frage des werdenden, nicht des vorhandenen Rechts. Für die Gegenwart läßt sich soviel sagen, daß ganz gewiß die einseitige Lieferung von Waffen an eine einzige Partei neutralitätswidrig ist, falls so gewaltige Lieferungen wie in diesem Falle in Betracht kommen. Wenn die Amerikaner wahrhafte Führer der Idee des Rechts und der Gerechtigkeit sein wollen, dann müssen sie alle Bedenken finanzieller Natur überwinden, die ihre Großindustrie etwa gegen ein Ausfuhrverbot erheben dürfte. Sie müssen sich an die hohen Ideale erinnern, die ihre Väter der Welt vorangetragen und die Amerikas Vergangenheit für immer achtunggebietend und ehrfurchterweckend gestaltet haben.

Können sich die Amerikaner der Logik des Satzes entziehen, daß durch die Änderung tatsächlicher Verhältnisse auch das Recht ein anderes werde? Sie mögen sich doch nur erinnern, daß sie selbst kürzlich in ihrer Antwort auf die jüngsten englisch-französischen Maßnahmen den Standpunkt vertreten haben: Nach dem Aufkommen der Unterseeboote, der Minen und der Flugzeuge brauche die Blockade nicht mehr in der bisherigen Weise durchgeführt zu werden. Sie stellten also, wenn anders die Note richtig wiedergegeben wurde, den Satz auf, daß sich durch die Änderung der Technik ein Wandel des Rechts vollzogen habe. Ob dies, soweit die Blockade in Betracht kommt, richtig ist, darf bestritten werden. Aber es kommt hierauf auch gar nicht an, sondern lediglich auf die Tatsache, daß man auch in Amerika billigerweise dem Völkerrecht gegenüber die Änderung der Umstände berücksichtigt wissen will. Wenn dies aber gegenüber dem Blockaderecht der Fall sein soll, warum nicht noch viel mehr gegenüber der Frage der Waffenlieferungen!

Daß sich die Amerikaner übrigens bezüglich der Lieferung von Kriegsschiffen bereits eine strengere Auffassung als früher angeeignet haben, und zwar offenbar deshalb, weil hier ebenso wie in der Frage der Waffenlieferungen der durch die Entwicklung der Technik möglich gemachten, größeren Bedeutung der betreffenden Artikel Rechnung getragen werden mußte, kann leicht nachgewiesen werden. Noch kurz vor dem Kriege wurde von Theoretikern des Völkerrechts die Auffassung vertreten, es sei nur die Ausrüstung von Kriegsschiffen für Kriegführende in neutralen Häfen, nicht aber auch der bloße Verkauf an Kriegführende untersagt. Es sollte nach dieser Anschauung also zwar verboten sein, ein Kriegsschiff in neutralen Häfen so vollkommen auszurüsten, daß es sogleich nach dem Auslaufen des Hafens Feindseligkeiten begehen könne; dagegen sollte es statthaft sein, ein Kriegsschiff an eine kriegführende Macht zu verkaufen, wenn es vor der Verwendung im Seekriege erst in einem Hafen des ankaufenden Staates gefechtsbereit gemacht würde. Diesen

Standpunkt teilten bisher auch die Amerikaner, indem sie besonders während des russisch-japanischen Krieges den Verkauf von Torpedobooten an Kriegführende gestatteten, wenn sie während des Transportes an die kriegführende Macht zerlegt würden. In diesem Kriege aber haben sich auch die Vereinigten Staaten auf den richtigen Standpunkt gestellt, daß der bloße Verkauf von Torpedobooten an Kriegführende unstatthaft ist. Sie haben also hier infolge der viel größeren Bedeutung dieser Kriegsmittel eine Wandlung in ihrer Auffassung von den Neutralitätspflichten vorgenommen. Es ist nicht einzusehen, weshalb nicht auch die Frage der Waffenlieferungen heute strenger behandelt werden sollte.

Trotzdem die hier für das amerikanische Ausfuhrverbot vorgetragenen Gründe überzeugend sind und auch Männer wie Zorn die Waffenlieferungen für rechtswidrig halten, weigert sich Amerika bis zur Stunde, dem deutschen Ansinnen stattzugeben. Es braucht nicht näher ausgeführt zu werden, wie sehr die hoch bedeutsame Stellung, die sich die Vereinigten Staaten als Vorkämpfer der so zukunftsreichen Idee der internationalen Verständigung erworben haben, darunter leiden muß. Hier kommt es lediglich darauf an zu zeigen, in wie hellem Lichte die deutsche Seekriegführung erscheint, wenn man sie — ganz abgesehen von dem englischen Verhalten — der in Amerika herrschenden Auffassung von den Neutralitätspflichten gegenüberstellt.

7. Deutschland als Vorkämpfer eines einheitlichen Seekriegsrechts.

Es ist gewiß, daß die ehrenvolle Stellung des Deutschen Reiches gegenüber den Problemen des Seekriegsrechts im weiteren Verlaufe der weltpolitischen Ereignisse erneut hervortreten wird. Daß Deutschland noch Ende April 1915 im Prinzip an den Londoner Vereinbarungen festgehalten hat, spricht sehr dafür, daß es gesonnen ist, jenen Sätzen — eventuell mit gewissen, durch die Ereignisse notwendig gewordenen Änderungen — dauernde Geltung zu verschaffen und im Friedensschlusse auf eine allgemeine Annahme jener Grundsätze zu drängen. Vielleicht lassen sich dann auch noch weitere Reformen verwirklichen. Wir haben gesehen, daß Deutschland nach der Stellungnahme, die es zu allen großen Fragen des Seekriegsrechts im Weltkriege angenommen hat, als der berufene Führer auf dem Wege zur einheitlichen Kodifikation des Seekriegsrechts erscheint. Diese Aufgabe der Festlegung der völkerrechtlichen Grundsätze über das Seekriegsrecht ist außerordentlich bedeutsam und sollte immer größerem Verständnisse begegnen. Welche Unsumme von Kulturgütern, wieviel Menschenleben sind in diesem Kriege dadurch vernichtet worden, daß England das Konterbande- und Minenrecht vergewaltigte und dadurch Deutschland zu Repressalien zwang! Man sage nicht, daß England und die anderen Staaten sich doch nicht an die Grundsätze des Völkerrechts kehrten und daher jede Reform nur auf dem Papiere stehen würde. Denn das würde doch zum mindesten insofern eine irrtümliche Auffassung sein, als damit auf eine dauernde Mißachtung bestimmter, vertragsmäßig festgelegter Grundsätze angespielt werden soll. Sicherlich ist manches kodifizierte Recht in diesem Kriege mit Füßen getreten worden, aber doch nur in einzelnen Fällen; eine dauernde Übertretung des Konterbanderechts würde England angesichts der neutralen Staaten gar nicht gewagt haben, wenn diese Grundsätze nicht tatsächlich bisher unsicher gewesen wären und nur in weiten Umrissen festgestanden hätten. Indem Deutschland für ein einheitliches Seekriegsrecht eintritt, kämpft es nicht nur für seine eigenen Interessen, sondern für diejenigen der gesamten Kulturwelt. Die Geschichte des Völkerrechts wird es v. Tirpitz niemals vergessen können, daß er inmitten des furchtbarsten Ringens, das die Weltgeschichte je erlebt hat, an den Ideen festhielt, die sein Zeitalter als die modernsten und humansten der Seekriegsführung erkannt hatte, und dies, obwohl die Gegner Deutschlands die Errungenschaften der Londoner Konferenz mißachteten. So wenig machte sich v. Tirpitz die erst kürzlich oft zitierte, berüchtigte „clausula rebus sic stantibus" zu eigen, daß er sogar an Prinzipien festhielt, die noch nicht die völkerrechtliche Sanktion erhalten hatten. Daß er auch alle Bestimmungen befolgte, die von Deutschland ratifiziert waren, braucht kaum besonders betont zu werden. Damit zeigte er sich als ein Vorkämpfer der Idee der treuen Bewahrung internationaler Verträge und verwarf den rechtlich unhaltbaren Grundsatz, in der Not brauchten Verträge nicht gehalten zu werden. Er bestätigte in einer Zeit schwerster, tief betrüblicher Vertragsbrüche — nicht nur auf dem Gebiete des Seekriegsrechts — die

Anschauung, daß das internationale Zusammenleben der Staaten ohne die Befolgung der völkerrechtlichen Verträge gar nicht möglich ist. Was kürzlich der gefeierte österreichische Völkerrechtler Professor Lammasch in seinem Aufsatze über „Vertragstreue im Völkerrecht" (Österr. Zeitschrift für öffentliches Recht, 1915, Nr. 1) theoretisch ausgeführt hat, bestätigte v. Tirpitz in der rauhen Praxis des Kriegshandwerks.

So ist die Stellungnahme Deutschlands zum Seekriegsrecht sicherlich ein hell leuchtender Punkt in dieser dunklen Zeit, der uns den Mut gibt, nach den schweren Erfahrungen der jüngsten Ereignisse den Glauben an die Zukunft des internationalen Rechts und der Völkerorganisation noch weiter zu bewahren.

FSC
www.fsc.org
MIX
Papier | Fördert gute Waldnutzung
FSC® C083411

Kolibri 360 GmbH
Ferdinand-Jühlke-Straße 7
99095 Erfurt, Deutschland
produktsicherheit@kolibri360.de